SITZUNGSBERICHTE DER DEUTSCHEN AKADEMIE
DER WISSENSCHAFTEN ZU BERLIN

Klasse für Bergbau, Hüttenwesen und Montangeologie

Jahrgang 1962 Nr. 1

Helmut Härtig

EINIGE PROBLEME DER ZUGFÖRDERUNG IN BRAUNKOHLETAGEBAUEN

Mit einer Tabelle

AKADEMIE-VERLAG · BERLIN
1962

Vorgetragen von Hrn. Härtig in der Klassensitzung am 18. Januar 1962
Zum Druck genehmigt am gleichen Tage, ausgegeben am 20. August 1962

Erschienen im Akademie-Verlag GmbH, Berlin W 8, Leipziger Straße 3—4

Lizenznummer 202 · 100/420/62
Gesamtherstellung: VEB Druckerei „Thomas Müntzer" Bad Langensalza
Bestellnummer: 2010/62/III/1 · ES 20 F 2 · Preis: DM 2,—

Die Tatsache, daß die Weiterentwicklung unserer Tagebautechnologie in zunehmendem Maße zur Anwendung der Bandtechnik führt, verleitet leicht zu der falschen Auffassung, daß die Zugförderung für unsere Tagebaubetriebe an Bedeutung verloren habe.

Um in dieser Beziehung Klarheit zu schaffen, sollen für den Beginn des Siebenjahrplanes (1958) und für dessen Endjahr (1965) einige Leitzahlen gegenübergestellt werden, die den Stand und die Entwicklung der Kohlenförderung und vor allem des Anteils der verschiedenen Abraumtechnologien erkennen lassen. Dabei ist es für diese Betrachtungen unwesentlich, ob die Planzahlen 1965 auch tatsächlich voll erreicht werden, denn allenfalls tritt dann eine zeitliche Verschiebung ein, aber an der Entwicklungstendenz ändert sich nichts.

Wie aus der Tabelle 1 zu ersehen ist, wächst die Kohlenförderung im genannten Zeitraum um 30% an, während sich als Folge der erhöhten Kohlenförderung und der sich verschlechternden Ablagerungsverhältnisse eine Zunahme der Abraumbewegung um 70% ergibt.

Der Anteil der Brückenbetriebe, der 1958 25% betrug, erhöht sich bis 1965 auf 40%.

Die Bagger-Bandbetriebe sind 1958 an der gesamten Abraumbewegung nur mit 1% und auch 1965 nur mit 5% beteiligt. Erst im 2. Siebenjahrplan wird dieser Prozentanteil größer werden.

Was nun die Bagger-Zugbetriebe anbelangt, so waren diese 1958 mit 74% an der gesamten Abraumbewegung beteiligt, und auch 1965 werden es noch 55% sein. Das prozentuale Zurückgehen der Zugförderung um fast 20% ist auf den verstärkten Einsatz von Förderbrücken zurückzuführen. Es darf dabei aber

Tabelle 1

Kohlenförderung und Abraumbewegung
im 1. Siebenjahrplan der DDR

	1958 (effektiv)	1965 (Plan)
Kohlenförderung	100%	130%
Abraumbewegung	100%	170%
Anteil der verschiedenen Technologien an der ges. Abraumbewegung:	1958 %	1965 %
Förderbrücken	25	40
Bagger-Bandbetriebe	1	5
Bagger-Zugbetriebe	74	55
Insgesamt	100	100

(Angaben für sämtliche Tagebaue der DDR)

nicht übersehen werden, daß die im Zugbetrieb bewegten Abraummassen — absolut gesehen — noch um 100 M m^3 anwachsen.

Zusammenfassend kann festgestellt werden, daß die Zugförderung sowohl zu Beginn als auch am Ende des Siebenjahrplanes den größten Anteil an der gesamten Abraumbewegung unserer Tagebaubetriebe hat. Da auch noch fast die gesamte in unseren Grubenbetrieben gewonnene Kohle mit Zügen transportiert wird, besteht demnach für uns nach wie vor Veranlassung, uns sehr intensiv mit den Fragen der Zugförderung zu befassen, zumal da diese Förderart unter den bei uns gegebenen Verhältnissen einige technische und ökonomische Mängel aufweist.

Ich erwähne hier nur, daß wir vorwiegend noch Schmalspurbetriebe haben, die — im ganzen betrachtet — als überholt anzusehen sind, und daß auch unsere Normalspurbetriebe nicht voll dem Stand der modernsten Technik entsprechen. Wir können aber aus diesem Wissen gar nicht die erforderlichen praktischen Folgerungen ziehen, da es einfach nicht durchführbar ist, die Mehrzahl dieser Betriebe der besseren technischen und wirtschaftlichen Erkenntnis entsprechend umzustellen und neu auszustatten. Das ist nur in beschränktem Umfange möglich, und wir müssen uns in erster Linie darum bemühen, unter den nun einmal gegebenen Verhältnissen das Beste zu erreichen.

Obwohl wir seit Jahrzehnten in größtem Ausmaße Zugbetriebe haben, sind keineswegs alle damit zusammenhängenden Fragen geklärt, ganz abgesehen davon, daß nicht überall den bereits vorhandenen Erkenntnissen entsprechend verfahren wird. An Hand einiger Beispiele soll nun im Folgenden aufgezeigt werden, wie schwer die vielseitigen Voraussetzungen für einen guten Zugförderbetrieb zu schaffen sind.

Die Grundbedingung für einen leistungsfähigen und wirtschaftlichen Zugbetrieb ist eine gute *Gleislage*. In den Tagebaubetrieben der DDR ist die Gleislage — im Durchschnitt gesehen — unbefriedigend. Das bedeutet, daß die Züge langsam fahren müssen und daß infolge der längeren Umlaufzeiten die Transportleistung und damit die Leistung der Betriebe überhaupt sinkt. Des weiteren häufen sich die leistungsmindernden Störungen durch Schäden an den Gleisen und durch Entgleisungen, und außerdem tritt ein erhöhter Verschleiß am rollenden Material und an den Gleisanlagen selbst ein. In welchem Maße allein schon die Entgleisungen den stetigen Betriebsablauf beeinträchtigen, geht daraus hervor, daß es Betriebe gibt, in denen es täglich zu Entgleisungen kommt. Die Ursache für die schlechte Gleislage in unseren Braunkohlentagebauen ist der Mangel an Arbeitskräften und an Hilfsgeräten für den Gleisbau und die Gleisunterhaltung. Schon auf dem Berg- und Hüttenmännischen Tag 1955 war vom Verfasser in Hinsicht auf den zu erwartenden und immer größer werdenden Arbeitskräftemangel in einem umfassenden Referat über „Mechanisierung der Nebenarbeiten einschließlich der Gleisarbeiten in Braunkohlentagebauen und ähnlichen Betrieben“ darauf hingewiesen worden, welche Hilfsmittel einzusetzen sind, um durch Mechanisierung der Neben- und Gleisarbeiten die Arbeitsproduktivität zu erhöhen und damit dem Mangel an Arbeitskräften zu begegnen. Diese Gedanken wurden auch aufgegriffen und an höchster Stelle erörtert, und es wurden sogar einige Pionierbetriebe festgelegt, in denen die verschiedensten Hilfsgeräte erprobt werden sollten. Die für die Kleinmechanisierung erforderlichen Mittel wurden dann auch von den Werken eingeplant, mußten aber aus übergeordneten Gründen aus dem Investplan wieder gestrichen werden. Erst in den allerletzten Jahren hat sich das geändert, und künftig werden sehr erhebliche Mittel zur Verfügung stehen. Infolge der durch eigene Entwicklungsarbeiten in der DDR, besonders auch durch den Ausfall aller Westimporte, eingetretenen Verzögerung ist die gegenwärtige Situation so, daß wegen des Mangels an Arbeitskräften und Hilfsgeräten die Gleisunterhaltung teilweise gröblich vernachlässigt werden mußte. Die Leitung der Abteilung Kohle hat das seit längerem erkannt und deshalb vor Jahresfrist eine Reihe von sozialistischen Arbeitsgemeinschaften ins Leben gerufen, die sich ausschließlich mit der Frage beschäftigen, welche Voraussetzungen geschaffen werden müssen, um die Gleislage in unseren Betrieben wesentlich zu verbessern. Für unsere Braunkohlentagebaue ergeben sich insofern noch besondere Probleme, als neben den stationären Gleisen in erheblichem Umfang auch bewegliche vorhanden sind, die vielfach ohne jedes besondere Bettungsmaterial auf dem in der betreffenden Arbeitsebene anstehenden Boden verlegt sind. Dabei werden die Gleise in unseren Betrieben wesentlich stärker beansprucht als beispielweise im Reichsbahnbetrieb, da bei uns höhere Achsdrücke auftreten und auch die Verkehrsdichte viel größer ist als bei der Reichsbahn.

Eine wichtige Voraussetzung für eine gute Gleislage ist ein *einwandfreies Planum.* Mit einigen alten noch im Betrieb befindlichen Baggertypen ist es überhaupt nicht möglich, ein gutes Planum zu schneiden, und auch bei den neueren Geräten treten in dieser Beziehung Schwierigkeiten dann auf, wenn das Planum mit Schaufelradbaggern hergestellt werden muß. In diesen Fällen hilft man sich bisher meist so, daß ein Beobachter beim Planumschneiden dem Baggerführer entsprechende Anweisungen gibt. Inzwischen befinden sich aber Meßeinrichtungen in der Entwicklung und Erprobung, die nicht nur die Herstellung eines guten Planums, sondern auch die Einsparung des Beobachters ermöglichen sollen. Im Betrieb gut bewährt hat sich bereits der Pendelzeiger. Trotzdem muß man das von Baggern hergestellte Planum in den meisten Fällen noch als ein Grobplanum ansehen, das zur Herstellung eines Feinplanums zweckmäßig noch mit geeigneten Planiergeräten abgezogen werden muß. Die bei uns häufig anzutreffenden Planierraupen sind dafür nicht geeignet, weil sie sich „aufschaukeln“ und sie deshalb ein welliges Planum schneiden, während sich die bei uns noch nicht eingeführten, aber z. B. im Rheinland mit Erfolg eingesetzten Erdhobel für diesen Zweck sehr gut eignen. Solange man aber auf Planierraupen angewiesen ist, sollte man wenigstens solche mit Schrägschild verwenden. Die Herstellung eines Feinplanums auf den Arbeitsebenen macht sich insofern schon bezahlt, als dadurch nach dem jeweiligen Rücken der Gleise nur sehr geringe Stopfarbeiten erforderlich sind.

Wenn die Gleise, was sich häufig nicht vermeiden läßt, auf bindigen Bodenschichten verlegt werden müssen, so ergibt sich in jedem Fall eine schlechte Gleislage. Besonders in den regenreichen Übergangszeiten versinken die Gleisroste im Schlamm. Andererseits verhärten sich unter dem Einfluß des Frostes im Winter oder der Hitze im Sommer diese Böden, so daß die Schwellen auf einer nicht ganz einwandfrei geschnittenen Unterlage „reiten“ und infolge ungleichmäßiger Belastung mechanisch zerstört werden. Um dem vorzubeugen, ist man in vielen Fällen zur *Bekiesung des Arbeitsplanums* übergegangen, d. h. man überzieht den bindigen Boden des Arbeitsplanums mit einer etwa 0,7 m mächtigen Kies- oder Sandschicht, wofür es verschiedene Methoden gibt. Das kostet in jedem Falle viel Geld, ermöglicht aber einen zügigen Fahrbetrieb, so daß der Mehraufwand für die Bekiesung durch die Leistungssteigerung des Betriebes mehr als ausgeglichen wird.

Bei bestimmten Baggertypen kann man — soweit das Gerät selbst kiesige Schichten gewinnt — den Sand oder Kies unmittelbar vom Bagger aus vor dem Gleisrost abwerfen. Häufiger aber werden die für die Bekiesung erforderlichen Massen mit Zügen zur Verwendungsstelle transportiert, was im allgemeinen vermieden werden sollte, weil dabei zum Teil die Hauptgleise in Anspruch genommen werden und dadurch der Hauptfahrbetrieb gestört wird. Besser, wenn auch teurer, ist dann schon der gleislose Transport mit LKW oder Dumpern, durch den der übrige Betrieb in keiner Weise behindert wird. Bei sehr großem Bedarf muß unter Umständen ein Sonderbetrieb für die Gewinnung sandiger und kiesiger Massen eingerichtet werden, der ebenfalls erhebliche Zusatzkosten verursacht. Z. B. sind in einem mitteldeutschen Tagebau für die Bekiesung der verschiedenen Arbeitsebenen jährlich 2 M m^3 Sand und Kies erforderlich, die in einem Sonderbetrieb gewonnen werden, dessen Leistungsfähigkeit sich übrigens beim jetzigen Betriebszustand noch als unzureichend erweist.

Des weiteren sollten auch — unabhängig von der im Planum anstehenden Bodenart — die Beladegleise der im Abraum eingesetzten Schaufelradbagger immer auf einer Kiesschüttung verlegt werden, da das von diesen Geräten hergestellte Planum meist keine gute Gleislage gewährleistet.

In jedem Falle sind die aufgeschütteten Kiesmassen zu planieren und vor allem — zur Erhöhung ihrer Tragfähigkeit — durch Vibrogeräte zu *verdichten*, wobei sich für unsere Zwecke Vibrowalzen am besten eignen dürften. Bei diesen Schwingungsverdichtern lagern sich die Körner des Bodens schnell zu einem dichteren Verband um, und es wird auch eine größere Tiefenwirkung erzielt als bei statisch wirkenden Walzen. Der Grad der Verdichtung hängt von der Kornzusammensetzung des Bodens ab. Neuerdings wird vorgeschlagen, gewisse *bindige Böden* zur Verbesserung ihrer Tragfähigkeit durch Beimengung von Kalk oder Asche zu stabilisieren, ähnlich wie man rollige Böden durch Zement verfestigen kann. Die Bodenstabilisierung mit Kalk oder

Asche ist von der Bautechnik her seit längerem bekannt und hat sich unter den dort gegebenen Verhältnissen auch gut bewährt. Bezüglich der Anwendbarkeit der Bodenstabilisierung in unseren Tagebauen sind aber offenbar zu große Erwartungen erweckt worden. Gerade für die Arbeitsplanen, auf denen die Gleise laufend in kurzen Zeitabständen weitergerückt werden müssen, kommt die Stabilisierung der als Auflage dienenden Bodenschichten aus wirtschaftlichen Gründen von vornherein nicht in Frage. Denn die Kosten für die Stabilisierung mit Kalk z. B. betragen 2,— DM/m², und es müßten für jede neue Gleislage Streifen mit einem Flächeninhalt von vielen Tausend, ja u. U. sogar von einigen Zehntausend m² vorgerichtet werden, wofür laufend untragbar hohe Kosten anfallen würden. Wenn man für die Verfestigung statt Kalk die auf den Werken anfallende Asche verwenden will, um die Stabilisierungskosten zu senken, so ist zu berücksichtigen, daß sich nicht jede Asche für diese Zwecke eignet und daß außerdem Asche vielleicht anderweitig noch vorteilhafter zu verwenden ist. Die Bodenverfestigung ist übrigens in erster Linie auf Schluffböden anwendbar und wird sich auf Spezialfälle beschränken, und zwar dort, wo derartige Einlagerungen vorhanden sind und der Schluff im Planum zutage tritt. Der Gedanke, wenigstens für gewisse stationäre und halbstationäre Gleisanlagen, wie z. B. Baggerbahnhöfe, die als Auflage dienenden, bindigen Bodenschichten in der beschriebenen Weise zu verfestigen, erscheint kaum aussichtsreich, da wahrscheinlich die übliche Beschotterung oder Bekiesung billiger und zweckmäßiger ist.

Für die Bodenverfestigung sind Spezialmaschinen erforderlich, und außerdem weiß man ja noch nicht einmal, wie lange die neuartige Bodenverfestigung vorhält. Im ganzen ist die Lage wohl so zu beurteilen, daß die Bodenverfestigung zwar gut geeignet ist für die Verbesserung der Fahrbahnen gummibereifter Fahrzeuge, daß sie aber im Zusammenhang mit dem Gleisbau eine nur beschränkte Anwendung in unseren Tagebauen finden wird.

Eine andere Möglichkeit, selbst bei stark bindigen Böden noch eine gute Gleislage zu erzielen, ist die, das Planum unter dem Gleisrost mit Platten aus Walzblechen zu belegen, die für die jeweils folgende Gleislage immer wieder verwendet werden können. Ein betrieblicher Großversuch hat in dieser Beziehung recht gute Ergebnisse erbracht. Infolge des geringen spezifischen Bodendruckes drücken sich die Platten nur wenige Zentimeter in den Boden ein, deformieren sich nicht und können verhältnismäßig leicht unter dem Rost hervorgezogen werden, wenn das Gleis in die nächste Lage gerückt werden soll. Für ein Fahrgleis werden je 100 m zu belegende Länge 230 m² = ca. 11 t Blech benötigt, bei größeren Rostbreiten entsprechend mehr. Da die Fahrgleise auf Strossen oft mehrere Kilometer lang sind, werden nicht unerhebliche Mengen an Walzblech benötigt, so daß die Anwendung dieses Verfahrens auf besonders schwierige Fälle beschränkt bleiben wird. Vielleicht gelingt es, solche Platten noch aus einen anderen Werkstoff herzustellen, wodurch eine breitere Anwendung des Verfahrens ermöglicht würde.

Bleibt schließlich noch zu erwähnen, daß besonders beim Vorhandensein bindiger Böden die Arbeitsebenen möglichst trocken gehalten und deshalb Wasseransammlungen auf den Planen vermieden werden müssen, da sich sonst unter dem Einfluß des Wassers die oberste Bodenschicht in Schlamm verwandelt und dadurch zusätzliche Schwierigkeiten entstehen. Unter solchen Verhältnissen ist deshalb ein System von Entwässerungsgräben anzulegen, für deren Herstellung es zahlreiche brauchbare Hilfsgeräte gibt, wie z. B. Grabenfräsen, -bagger und -pflüge, die vorerst allerdings noch nicht in ausreichender Anzahl in den Betrieben eingesetzt sind.

Die Maßnahmen zur Herstellung eines guten Planums schaffen zwar die grundsätzliche Voraussetzung für die Verlegung einwandfreier Gleise, entheben uns aber nicht der Notwendigkeit, die Gleisbau- und Unterhaltungsarbeiten stärker zu mechanisieren und besser zu organisieren als bisher. Diese Gleisarbeiten haben einen gewaltigen Umfang. Umgerechnet auf zweischienige Fahrgleise sind in den Braunkohlentagebauen der DDR schätzungsweise ca. 6000 km Gleis verlegt, was etwa der Entfernung von Berlin bis Irkutsk entspricht, und im gesamten Gleisbau sind etwa 6000 Arbeitskräfte beschäftigt. Soviel das auch erscheinen mag, so sind das beim gegenwärtigen Stand der Hilfstechnik noch viel zu wenig Gleisarbeiter, so daß unsere verzweigten Gleisanlagen gegenwärtig nur unzureichend unterhalten werden können.

Die Gleisarbeiten werden heute noch vorwiegend von Hand ausgeführt, und bis jetzt sind dabei vor allem Kleinstmechanismen eingesetzt, die zwar die körperliche Arbeit erleichtern, aber die geringe Arbeitsproduktivität nicht wesentlich verbessern. In dieser Beziehung muß also ein grundsätzlicher Wandel geschaffen werden, um überhaupt erst einmal die unterbliebenen und zwangsläufig vernachlässigten Arbeiten nachholen bzw. ausführen zu können. Es gibt an sich in der ganzen Welt für fast alle Arbeitsvorgänge beim Gleisbau und bei der Gleisunterhaltung brauchbare und bewährte Hilfsgeräte, die in der Mehrzahl auch unter den bei uns gegebenen Betriebsverhältnissen ohne weiteres mit Erfolg einzusetzen wären. Trotzdem waren wir aus den hinlänglich bekannten Gründen darauf angewiesen, einen Teil solcher Geräte selbst zu entwickeln. Einige davon, und zwar die zunächst am dringendsten benötigten, befinden sich bereits im Bau oder in der Erprobung, so daß mit ihrer serienmäßigen Herstellung und mit ihrer Einführung in die Betriebe in absehbarer Zeit gerechnet werden kann.

Was die stationären Gleise betrifft, so ist auf Werksebene die Bildung gut mechanisierter Spezialbrigaden vorgesehen, welche die laufend anfallenden Unterhaltungsarbeiten zu erledigen und die durch die Gleislage bedingten Störungsquellen zu beseitigen haben. Für große Überholungsarbeiten an den Gleisen sowie für Umbauten usw. sollen auf VVB-Ebene zentral gelenkte Brigaden gebildet werden, die aufs beste mit allen erforderlichen Hilfsmechanismen ausgerüstet sind, darunter auch mit großen Hilfsgeräten, die innerhalb eines Werkes eine zu geringe Ausnutzung hätten, wie z. B. automatische Gleisreinigungs- oder Stopfmaschinen, Streubodenräumgeräte usw. Zentral erfolgt auch der Einsatz ganzer moderner Bauzüge.

Gegenüber stationären Gleisen weisen die Arbeiten für den Bau und Abbruch sowie die Unterhaltung beweglicher Gleisanlagen bezüglich ihrer Art und ihres Umfanges gewisse Unterschiede auf, aber die grundsätzlichen Überlegungen bleiben die gleichen, so daß also auch hierfür Spezialbrigaden eingesetzt werden, die mit Hilfsmechanismen und -geräten gut ausgestattet sind. Im übrigen ist für die Mechanisierung sämtlicher Gleise in Hinsicht auf eine gute Arbeitsorganisation und die Auswahl geeigneter Geräte zu berücksichtigen, welche Arbeiten bei ganz oder zeitweise gesperrtem Gleis und welche während des Betriebes durchgeführt werden können. Die Technologie muß weitgehend unseren Betriebsverhältnissen angepaßt werden.

In diesem Zusammenhang sei noch bemerkt, daß für den eigentlichen Gleisbau selbst bzw. bezüglich der zweckmäßigsten Ausbildung der Gleisroste noch viele Fragen offen stehen, die z. T. erst durch längere betriebliche Vergleichsversuche geklärt werden können. Hier will ich davon nur einen Punkt erwähnen, den Langschienenbau, der für bewegliche Gleise noch nicht in dem Umfange eingeführt ist wie für stationäre Gleise. Durch neuerliche Betriebsversuche wird bestätigt, daß man Langschienen vorteilhaft auch in bewegliche Gleise einbauen kann, und zwar bis zu Längen von 150 m. Durch das Verschweißen der handelsüblichen Schienen nach dem AT-Verfahren oder — wesentlich billiger — mit transportablen Stumpfschweißmaschinen aus der Sowjetunion zu derartigen Langschienen verringert sich die bisherige Zahl der Schienenstöße außerordentlich, was wesentlich zur Verbesserung der Gleislage und damit zur Erhöhung der Zugleistungen beiträgt, während sich gleichzeitig auch die Gleisunterhaltungsarbeiten entsprechend vereinfachen.

Für eine objektive Beurteilung der Gleisarbeiten und für Vergleiche der Werke untereinander sind Kennziffern erforderlich.

In der Literatur wird vorgeschlagen, die Zahl der speziell in der Gleisunterhaltung beschäftigten Arbeiter auf die Gleisrostfläche zu beziehen. Diese Kennzahl — Gleisarbeiter je 1000 m^2 Rostfläche — hat im allgemeinen nur wenig Aussagekraft; denn es bleiben dabei wichtige Einflußfaktoren unberücksichtigt, wie z. B. die sehr unterschiedliche Beanspruchung durch die Zahl der darüber hinwegrollenden Züge und die Beschaffenheit der als Auflage dienenden Bodenarten. Ebenso bleibt völlig offen, ob die erzielte Gleislage gut oder schlecht ist. Ein geringer spezifischer Einsatz von Arbeitskräften kann sehr gut sein, wenn er auf einen hohen Mechanisierungsgrad zurückzuführen ist. Er kann aber auch sehr schlecht sein, wenn er nämlich zum Ausdruck bringt, daß es an den notwendigen Arbeitskräften fehlt und infolgedessen die Gleispflege vernachlässigt werden muß. Es bleiben deshalb noch wirklich vergleichbare und eindeutige Kennziffern dieser Art zu entwickeln, eine besonders schwierige Aufgabe, mit der sich u. a. auch das Institut für Tagebaukunde befassen wird.

Die Ausführungen über die Gleisarbeiten bedürfen abschließend noch einer Ergänzung. Überall, wo man große Gleisstrecken zu verlegen hat, ist man dazu übergegangen, die einzelnen Gleisjoche an zentraler Stelle unter Einsatz aller technischen Hilfsmittel zusammenzubauen, die fertig montierten Gleisjoche mit Spezialzügen zur Baustelle zu transportieren und dort mit Spezialkränen zu verlegen, was eine viel bessere Organisation der Gleisbauarbeiten ermöglicht als der Zusammenbau aus Einzelteilen im Betrieb. Wenn das Verfahren hier nicht näher besprochen wurde, so deshalb, weil derartige Investbauten von der Bau-Union oder dem VEB Kohlenanlagen, nicht aber von den Braunkohlenwerken selbst, ausgeführt werden.

Des weiteren kann sich die Mechanisierung der Gleisarbeiten und der damit zusammenhängenden Maßnahmen — wenigstens in den ersten Jahren — nicht etwa in einer Verringerung der Zahl der Arbeitskräfte auswirken, denn wegen des großen Mangels an Arbeitskräften können jetzt viele notwendige Arbeiten nicht ausgeführt werden, und die infolge der Mechanisierung erhöhte Arbeitsproduktivität wird es zunächst lediglich ermöglichen, alle anfallenden Arbeiten ordnungsgemäß zu erledigen.

Nach den ausführlichen Erörterungen über den Gleisbau und die Gleisunterhaltung ist nun auch einiges zum rollenden Material zu sagen.

Bezüglich der in unseren Produktionsbetrieben ausschließlich eingesetzten *E-Loks* liegen die Verhältnisse insofern klar und einfach, als wir für die Schmalspurbetriebe nur einen Standardtyp, die 75 t-E-Lok, und für die Normalspurbetriebe nur die vierachsige 100 t-E-Lok, allenfalls noch die sechsachsige 150 t-E-Lok, bauen und diese in den Betrieben einsetzen. Nachdem man sich in der DDR grundsätzlich für Gleichstromlokomotiven entschieden hat, besteht für uns kaum Veranlassung, nun auch noch — wie im Rheinland — eine Umformerlok zu entwickeln.

Die Zugkraft unserer Maschinen reicht unter den in unseren Tagebauen gegebenen Verhältnissen in den weitaus meisten Fällen aus, und wenn das ausnahmsweise nicht der Fall ist, so besteht die Möglichkeit, zwei 75 t-Loks oder zwei 100 t-Loks mechanisch und elektrisch miteinander zu koppeln. Für uns entfällt auch die Notwendigkeit, gemäß einem sowjetischen Vorschlag einzelne Abraumwagen mit Motoren auszustatten und zusätzlich zur Lokomotive als Triebwagen im Zuge mitlaufen zu lassen, wie das seitens des PKB Kohle auch ganz richtig zum Ausdruck gebracht worden ist.

Während unsere Kohlenwagen den Anforderungen unserer Betriebe im allgemeinen genügen, ist das bei den *Abraumwagen* nicht der Fall, da ihr Fassungsvermögen in vielen Fällen zu klein ist, um den Zugbetrieb mit bester Wirtschaftlichkeit durchführen zu können. Unsere größten Wagen haben bei Schmalspur 25 m^3 und bei Normalspur 40 m^3 Inhalt, wohingegen sich z. B. in Westdeutschland achtachsige Wagen bis 100 m^3 Fassungsvermögen im Umlauf befinden.

Große Wagen ermöglichen den Einsatz großer Zugeinheiten, wobei sich mit zunehmender Größe die Wirtschaftlichkeit erhöht. Mit zunehmender Wagengröße steigt der Nenninhalt je laufend Meter Zuglänge etwa linear an, wie sich auch das Verhältnis Nutzlast zu Totlast mit zunehmender Wagengröße günstiger gestaltet. Andererseits zeigt sich, daß mit zunehmender Wagengröße auch der maximale Achsdruck erheblich ansteigt. Letztere Tatsache war die Ursache, daß im Rheinland ein stärkeres Schienenprofil (S 64) eingeführt werden mußte. Unser stärkstes Schienenprofil S 49 ist für den Einsatz derartiger Großraumwagen zu schwach, und außerdem wäre es für uns nur schwer möglich, unsere Gleisanlagen entsprechend umzubauen. Es ist deshalb eine dringliche Aufgabe, die Möglichkeit zu überprüfen, ob unter Beibehaltung unserer bisherigen Achsdrücke Großraumwagen von wenigstens 70—75 m^3 Fassungsvermögen entwickelt werden können.

Wagen größeren Inhaltes würden nicht nur die Wirtschaftlichkeit des gesamten Fahrbetriebes, sondern auch die Ausnutzung unserer mit Zügen beschickten Absetzerkippen verbessern. Die Absetzer sind im Durchschnitt der DDR nur zu 50% ausgenutzt, und zwar nicht zuletzt deshalb, weil diesen z. T. sehr leistungsfähigen Absetzgeräten mit kleinen Zugeinheiten gar nicht genügend Massen zugeführt werden können. Die Verweilzeit der Züge, das ist die Zeit für die Voll- und Leerfahrt auf der Kippenstrosse und für das Abkippen der Wagen eines Zuges, ist für große und kleine Zugeinheiten praktisch dieselbe und damit auch die Anzahl der Züge, die dem Absetzgerät je Stunde zugefahren werden können. Man kann den Absetzern deshalb in der Zeiteinheit mit 80 m^3-Wagen eben die doppelte Menge an Massen zuführen wie mit unseren größten Wagen, den 40 m^3-Wagen. Der Einsatz von Wagen größeren Fassungsvermögens ist deshalb in jeder Beziehung für unsere Tagebaubetriebe von größter Bedeutung.

Ich darf bei dieser Gelegenheit noch auf einige weitere Probleme hinweisen, die im Zusammenhang mit der Zugförderung auftreten. Unter dem Einfluß von Nässe oder Frost kommt es — abhängig von den Eigenschaften des Bodens oder der Kohle — in mehr oder weniger großem Umfang zu Anhaftungen oder Anfrierungen des Fördergutes in den Abraum- und Kohlenwagen. Abgesehen davon, daß dadurch nutzbarer Laderaum verlorengeht, sofern nichts oder nicht genug dagegen unternommen wird, entstehen Schwierigkeiten bei der Entladung der Wagen, die ihrerseits wieder Zeitverlust und damit u. U. sehr erhebliche Leistungsausfälle bewirken. Zur Überwindung oder wenigstens zur Verringerung der aufgezeigten Schwierigkeiten gibt es zwei Gruppen von Maßnahmen, und zwar vorbeugende und dann solche, die eingetretene Anhaftungen und Anfrierungen schnellstmöglich beseitigen sollen.

Was die Kohlenwagen anbelangt, so ist vorläufig noch deren Beheizung mit Briketts im Winter am verbreitetsten. Wegen der vielen damit verbundenen Mängel, vor allem wegen des hohen Bedarfs an Arbeitskräften und Briketts müssen wir schnellstens zu besseren Heizmethoden übergehen. Die elektrische Beheizung dürfte die geeignetste Methode zur Überwindung der Entladeschwierigkeiten sein, die allerdings hohe Installationskosten bedingt. Die erforderliche spezifische Heizleistung liegt in der Größenordnung von etwa 0,5 kW je m^2, so daß je Kohlenwagen eine Leistung von etwa 30 kW benötigt wird. In den Fällen, in denen es nicht möglich ist, derartig hohe elektrische Leistungen zur Verfügung zu stellen, ist u. U. auch die Heizung mit Propangas oder mit Öl bei etwa gleicher Wirtschaftlichkeit anwendbar. Der Bau von Wärmehallen und die Errichtung stationärer Anlagen mit Gasbrennern werden nur in seltenen Spezialfällen vorteilhaft sein.

Unter Umständen können die Kohlenwagen zur Vorbeugung gegen Anfrierungen auch mit Frostschutzlauge ausgesprüht werden. Das ist das billigste Verfahren, das allerdings in gewissen Zeitabständen eine mechanische Reinigung der Wagen notwendig macht.

Für Abraumwagen kommt in erster Linie das Ausspritzen mit Frostschutzlauge in Frage, wobei diese ebenfalls von Zeit zu Zeit mechanisch gereinigt werden müssen. Die bisher verwendete technische Chlor-Magnesium-Lauge war zwar billig, aber nur bis —10°C wirksam. Neuerdings gibt es eine Lauge mit hoher Frostbeständigkeit bis —30 °C, die aus technischer Chlor-Magnesium-Lauge mit Zusatz von $CaCl_3$ hergestellt wird. Bei Verwendung dieser Lauge entstehen Kosten von etwa 2,5 Pf. je m^3 Abraum.

Zur Wagenreinigung dienen u. a. Planierraupen mit Reinigungseinrichtung (Schaber) oder ähnliche Mehrzweckgeräte. Unter Umständen werden die Wagen auch mit Hydromonitoren ausgespritzt. Eine sehr gute Reinigung läßt sich ferner noch mit Vibratoren erzielen, sofern eine genügend große Amplitude und Frequenz angewendet wird. Leider sind diese aber meist so groß zu wählen, daß dabei durch Überbeanspruchung der Konstruktionsteile Schäden an den Wagen auftreten. In der Sowjetunion begegnet man dieser schädlichen Auswirkung dadurch, daß die Schwingungen auf ein dünnes, zusätzlich in den Wagen eingelegtes Vibrationsblech übertragen werden, so daß die Wagenkonstruktion selbst der Schwingungsbeanspruchung praktisch nicht unterworfen wird.

Obwohl hier nur die wichtigsten Maßnahmen und Verfahren genannt worden sind, dürfte doch zu erkennen sein, wie vielseitige und schwierige Aufgaben bezüglich einer möglichst störungsfreien Entladung der Wagen gestellt sind. Wir müssen diese Aufgaben aber, evtl. unter erheblichen Kostenaufwand, schnellstens und allgemein lösen, da sonst scheinbar kleine Ursachen große und für unsere Betriebe sehr nachteilige Wirkungen haben können.

Für die Ermittlung des Bedarfes an rollendem Material sowie der Leistungsfähigkeit und Kapazität der Fahrbetriebe gibt es bereits brauchbare Berechnungsgrundlagen, die aber gerade gegenwärtig noch erweitert und vervollkommnet werden, um alle mit dem Fahrbetrieb zusammenhängenden Fragen wissenschaftlich durchdringen und klären zu können. Um nur ein Beispiel zu nennen, ist neuerdings die Durchlaßfähigkeit von Gruben- und Abraumbahnhöfen eingehend untersucht worden, und die dabei gefundenen Ableitungen dürften für die Planung und den Betrieb recht nützlich sein.

Besondere Aufmerksamkeit bedarf folgende Angelegenheit. Die Bagger-Zugbetriebe sind im allgemeinen so ausgelegt, daß theoretisch jedem Bagger immer rechtzeitig ein Leerzug für die Beladung zur Verfügung steht, das Gewinnungsgerät also ohne Unterbrechung arbeiten kann. Trotzdem werden für unsere Baggerzugbetriebe sehr erhebliche Stillstandszeiten der Bagger ausgewiesen, an denen die „Zugmangelzeiten" den stärksten Anteil haben. Dieser beträgt durchschnittlich 30% der Betriebszeit. Die Zugmangelzeiten sind ein Sammelbegriff, unter dem zum kleineren Teil die Auswirkungen von Mängeln im Zugbetrieb und zum größeren Teil die Einflüsse von organisatorischen Mängeln und Störungen anderer Betriebsteile auf den Fahrbetrieb erfaßt werden. Hier gilt es, durch Betriebsanalysen den verschiedenen Ursachen der wechselseitigen Beeinflussung nachzugehen, deren Ausmaß festzustellen und Maßnahmen zur Verringerung der hohen Zugmangelzeiten zu ergreifen.

In diesem Zusammenhang interessiert vielleicht noch eine fördertechnische Frage ganz allgemeiner Natur. Schon 1930 hat der Verfasser in seiner Dissertation „Wirtschaftlichkeit der Kohlenförderarten im Braunkohlentagebau" darauf hingewiesen, daß der Begriff „Tonnenkilometer" als Bezugsgröße für den Vergleich der Förderung verschiedener Braunkohlenwerke nicht geeignet ist, da nur Fördermengen und -wege in diese Größe eingehen, die Förderhöhe dabei aber unberücksichtigt bleibt. Ein Tonnenkilometer in den flachen Lausitzer Tagebauen war anders zu bewerten als z. B. ein Tonnenkilometer in den tiefen rheinischen Braunkohlenwerken. In dieser Beziehung geeignetere Bezugsgrößen zu finden und daraus brauchbare technisch-wirtschaftliche Kennziffern abzuleiten, war Gegenstand einer 1961 eingereichten Dissertation, in der dieser schwierige

Stoff vorwiegend mathematisch behandelt wird. Ausgehend von der zu leistenden Arbeit wird die Kennziffer „Hubfaktor“ als Verhältnis zwischen der Arbeit auf geneigter und horizontaler Ebene entwickelt, und daraus werden die Begriffe „Hubtonnen“ und „Hubtonnenkilometer“ sowie weitere Kennziffern abgeleitet. Die so geschaffenen Unterlagen ermöglichen die objektive Durchführung fördertechnischer Vergleiche und vertiefen unsere Einsicht in die teilweise recht komplizierten Vorgänge und Beziehungen bei der Förderung. Das wichtigste Ergebnis dürften die Formeln zur Ermittlung der optimalen Wagenzahl und der optimalen Steigung sein, wobei letztere Frage bisher überhaupt noch nicht untersucht worden ist. Wesentlich ist des weiteren, daß mit Hilfe des Hubfaktors auch verschiedene Förderarten, etwa Zug- und Bandförderung, wirtschaftlich miteinander verglichen werden können.

Damit ist das Stichwort gegeben für eine abschließende Bemerkung über die Abgrenzung der Anwendungsbereiche von Zug- und Bandförderung. Obwohl seit kurzem auch darüber eine umfangreiche wissenschaftliche Arbeit vorliegt, ist diese entscheidende Frage noch nicht eindeutig geklärt. Vielleicht ist ihre gernerelle Beantwortung überhaupt nicht möglich, weil zuviel unterschiedliche Einflußfaktoren dabei berücksichtigt werden müssen. Soviel aber steht wohl fest, daß die Bandförderung fur große Leistungen über 4000 m^3/h und für relativ kurze Förderwege, also bei Innenkippenbetrieb, in Frage kommt, während die moderne Zugförderung im Bereich großer Leistungen und langer Förderwege überlegen ist. Im übrigen ist darauf hinzuweisen, daß bei der Entscheidung über verschiedene Projekte heute bei uns nicht mehr allein die Wirtschaftlichkeit, sondern daneben auch die Arbeitsproduktivität den Ausschlag gibt, die bei Bandförderung meist wesentlich höher liegt als bei Zugförderung. Die Zugförderung ist und bleibt zunächst für uns die wichtigste Förderart, aber — im ganzen gesehen — gehört die Zukunft der Bandtechnik.

Der Verfasser ist sich zwar darüber im klaren, daß seine kurze Arbeit eine etwas ungewöhnliche Zusammenstellung des Stoffes enthält, aber er hielt das für erforderlich, um — wenn auch keineswegs vollständig — die Vielseitigkeit der für die Zugförderung bestehenden Probleme aufzuzeigen. Die Ausführungen haben hoffentlich auch erkennen lassen, daß wir unsere technischen und ökonomischen Aufgaben vielfach nur dann erfolgreich lösen können, wenn wir dabei die Erkenntnisse aus den Grundwissenschaften, also der Mathematik, Chemie und besonders der Physik, anzuwenden verstehen. Eine enge Zusammenarbeit mit den Vertretern dieser Wissenschaften wird vielfach von großem Nutzen sein können.

FSC
www.fsc.org
MIX
Papier | Fördert gute Waldnutzung
FSC® C083411

Kolibri 360 GmbH
Ferdinand-Jühlke-Straße 7
99095 Erfurt, Deutschland
produktsicherheit@kolibri360.de